像心理学家一样思考

我们的意识是没有用的吗

董光恒◎著　人形鲤鱼◎绘

北京科学技术出版社
100 层童书馆

小探险家：

　　你好呀！

　　或许你是出于好奇打开这本书的，那么，恭喜你，你在无意间开启了一段理解自我、探索心灵的神奇旅程。

　　在这场旅程中，你会进入心理学的领地，探索神秘的心理世界。你将沿着心理学的发展轨迹，和心理学大师们一起去寻找心理的真相，了解当今心理学界的重要理论，展望心理学未来的发展。

　　你将探究心理学家们争论过的有趣问题。比如，能否通过头骨的形状判断一个人是好人还是坏人？心理学和玩拼图是否具有相似性？人的恐惧是如何形成的？能否通过分析梦境发现心灵深处的秘密？如何变得更幸福？未来机器是否会代替人类思考？……在这一过程中，你可能会发现，一些心理学家的观点看起来不太合理。这时，请你大胆思考，勇敢地提出质疑，不要担心结论的对错。因为，你会发现新的心理学思想就是在批判或否定前人思想的基础上发展起来的。

　　你也将学到很多科学、实用的心理学知识，破除关于心理学的迷思。比如，擅长使用右脑的人就更有创造力吗？记忆新知识有什么诀窍？不同年龄段小朋友的心理特点是怎样的？负面情绪对我们而言有什么意义？……掌握了这些心理学知识，你将会更好地理解自己和他人的心理，在充满喜怒哀乐的人生中，勇敢向前。

心理学是一门严谨的学科，为了研究复杂抽象的心理，心理学家们可想了不少办法。在这趟旅程中，你将了解他们是怎样研究下面这些棘手的问题的——大脑是作为一个整体发挥作用，还是各个部分分别发挥作用？一个人的智力多大程度上来自父母的遗传、多大程度上受到环境的影响？一个人做出决策的过程如何受到社会的影响？……通过学习心理学的研究方法，你将逐渐学会从心理学家的视角观察世界，从日常生活中自己总结心理活动的规律，培养独立思考和实验探究的能力。

还等什么？我们一起出发吧！

期待与你同行的赛克和迈德

目　录

你好呀，我是迈德！

性别：男
年龄：8 岁
爸爸的职业：
园艺师
妈妈的职业：
野外动植物
摄影师

我生活在一个充满户外探索氛围的家庭里，但我是一个很善于"内观"的人，我喜欢思考其他人在想什么，并通过阅读学习心理学知识。我有无数的问题想问赛克。

喜欢的食物：巧克力、牛奶
擅长的事情：打羽毛球、看书、思考、涂鸦
讨厌的事情：做数学题

很小的时候，我便认识了赛克，我是被赛克选中的人类"小跟班"。
受家族遗传的影响，从小我就有些近视，于是赛克送了我一副红色圆框眼镜，我们组成了"红色眼镜小分队"。

你好呀，我是赛克！

性别：保密

年龄：保密，因为我有 9 条命

学历：喵星人大学博士，以人类心理学研究方向第一名的成绩毕业，被派到地球进修并帮助人类小孩，一直在人类世界游历

我有很多同类朋友，它们是地球上的土猫。和我不一样的是，它们依然用四只脚走路，而我已经是一只有智慧的、能直立行走的猫了。

喜欢的颜色：红色（红色物品收集癖，尤其是红色的眼镜）

喜欢的食物：生鱼

擅长的事情：钓鱼、捉老鼠、制作标本、研究心理学、收集二手书

讨厌的事情：被摸尾巴

我有一个人类好朋友，他叫迈德，是一个 8 岁的小男孩。他的脑袋里总是有许许多多问号，他想要学习更多的知识，喜欢探索未知的世界，我将他收为我的"小跟班"，和他一起在地球上学习。

7

人的心理现象也有 "元素周期表" 吗？

19 世纪后半叶，随着现代工业的迅速发展，人们对各个领域的科学知识有了更急迫的需求。当时的新兴思想认为，一切知识必须建立在经验事实的基础之上。因此，在心理学领域，科学家们也开始对人的主观体验开展严谨的观察和实验，期望获得科学的结论。正是在这一背景下，卓有远见的科学家冯特，在前辈学者的研究基础上，开始对心理学进行科学探索。

1832 年，冯特出生在德国曼海姆市的内卡劳镇。他的童年是孤独的，缺少玩伴。在学习上，他似乎也缺少天分，上课经常走神，成绩平平。直到大学一年级结束时，冯特才开始发奋读书，并转入德国海德堡大学。在校期间，他发表了几篇有关生理学的文章，开始了自己一生的研究工作。

1879 年，冯特在德国莱比锡大学建立第一个心理学实验室，科学心理学由此正式诞生。

在冯特之前，一大批科学家从生理学、物理学、进化论等不同的学科和理论出发，探究了一些与心理有关的问题，促进了科学心理学的萌芽，但这些科学家并没有尝试将心理学作为一门独立的学科来研究。一些科学家开展实验的目的是研究大脑和神经系统的生理功能，比如弗卢龙通过切除鸽子的大脑，来

研究大脑是作为整体发挥作用还是分成不同的功能区域；另一些科学家则侧重于用实验的方法研究心理现象的某个很小的分支，比如费希纳研究了物理刺激与心理感觉的关系。

冯特则不同，他一直坚持要将心理学作为一门独立的实验科学来研究，并用实际行动持续改进心理学的研究方法，带领心理学走上了一条不同于其他学科的独特道路。正如美国心理学家墨菲所说，在冯特创建心理学实验室前，心理学就像一个流浪儿，直到1879年，它才有了安身之所，才有了自己的名字。

这一时期，化学得到了空前的发展，化学家们编制出了元素周期表。受到化学元素周期表的启发，冯特认为可以对人的心理进行类似元素周期表的分解，并展开实验研究，这样就能理解人们的心理活动。于是，冯特提出了"思维元素"的主张。

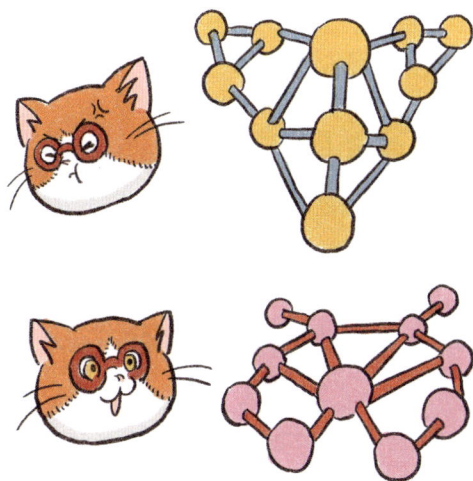

冯特认为，一切心理现象都是由思维元素构成的，这些思维元素是不可再分的最小心理结构单位。就像搭积木一样，思维元素可以通过不同的方式组合在一起，构成各种复杂的心理过程。

　　比如当你走进书店时，书店的氛围使你回忆起和朋友分享知识的快乐体验，可这种氛围对另一个不喜欢读书的人却没有任何特殊意义。在相同的环境下，你们的心理过程并不相同。这是因为，虽然相同的环境造就了相同的思维元素，但每个人独特的个人经历等又带来了不同的思维元素，这些思维元素最终组合成了每个人不同的心理过程。

冯特希望用科学的实验来研究这些心理现象。他为实验心理学设定了两个主要目标，一是发现心理可以被分解成哪些简单的思维元素；二是探索这些元素怎样组合成心理活动，以及它们的组合遵循怎样的规律。

为了实现这两个目标，冯特创造了"实验内省法"来研究人的心理。在实验过程中，参与者需要不断观察并报告自己内心的体验，比如听到看到的东西带来的联想，以及情绪是激动还是放松等。

冯特认为，"实验内省法"只能用来研究简单的心理现象，对于更复杂的心理现象，他采用了其他方法来研究，比如历史研究法、自然观察法等。

冯特创建的第一个心理学实验室很快发展成国际性研究机构，聚集了一大批来自各个国家的学者。1905 年，冯特创办《心理学研究》杂志，为交流心理学研究成果开辟了园地。冯特不仅具有开创新学科的远见卓识，在研究工作中也特别勤奋努力。从《对感官知觉理论的贡献》（1859—1862）、《人类与动物心理学讲义》（1863）、《人体生理学教程》（1865）、《生理心理学原理》（1874）、《哲学的体系》（1889）、《心理学大纲》（1896）、《民族心理学》（10 卷，1900—1919）、《心理学引论》（1911）、《民族心理学原理》（1912）至自传《经历与认识》（1920），他给心理学留下了宝贵的财富。

同时，世界各国的青年学生纷纷来到莱比锡大学，跟随冯特学习心理学的研究方法。他们学成之后返回各自的国家，创建实验室，建立自己的心理学体系，成为各国心理学发展的奠基人物。

今天，冯特的研究思路和研究方法基本已经被心理学界抛弃。尽管冯特培养了一大批学生，这些学生在此后十年里几乎统治了心理学界，但他们大都偏离了冯特原本的思想体系，有的人甚至站在了冯特的对立面。有人开玩笑说：冯特的学生们，把从冯特那里学到的知识，扔在了回国的船上。

你是不是忘了点儿什么？

比起提出具体的心理学理论，冯特更大的贡献在于为后来的心理学家提供了批评的靶子。在质疑冯特研究的基础上，心理学家们发展出了许多新的理论和方向，比如机能主义心理学、格式塔心理学等。

机能主义心理学流派的创始人詹姆斯认为冯特的心理学理论

"只是单纯地将心理现象进行拆分，然后对拆分出的各个部分做出解释"；格式塔心理学流派则把冯特的心理学理论称为"砖瓦和泥浆心理学"，讽刺冯特像个泥瓦匠，把心理这座房子拆分成砖瓦，然后再努力把这些砖瓦用泥浆组合起来……如果冯特知道自己做出了这么"独特"的贡献，是会高兴还是失望呢？

小知识

冯特与中国心理学

当冯特的理论在德国诞生的时候，中国刚刚遭受了第二次鸦片战争的打击。为了了解西方的先进科学技术，改变当时的落后面貌，中国派出了一批批留学生到欧洲和美国学习。1907年，蔡元培来到德国莱比锡大学，跟随冯特学习心理学。1917年，蔡元培就任北京大学校长。在他的指导下，北京大学建立了中国第一个心理学实验室，并主张"思想自由、兼容并包"。自此，中国对心理学这一学科的研究正式开始。

什么是科学心理学？

迈德：为什么心理学有科学和非科学之分？

赛克：其实任何试图理解人类思考规律的尝试都属于心理学。但是，只有应用科学的研究方法来探索心理与行为的研究才属于科学心理学。

迈德：那什么样的方法属于科学的研究方法？

赛克：首先，研究的问题是可被观测、可被解决的。不研究只存在于传说中，而在现实中无法观测的问题。

其次，要用实证的研究策略。研究人员需要设计严谨的实验，尽可能排除干扰因素，使研究结果能够被他人重复验证。

最后，研究结论可证伪。可证伪的意思是指这个结论有被新证据推翻的可能性。如果之后我们发现了相应的证据，就可以推翻这个结论。比如牛顿力学定律指出行星沿着圆形或椭圆形的轨道围绕恒星运动。如果哪一天，人们发现一个行星的运动轨迹不是圆形或椭圆形，那么就可以证明这个定律是错误的。

很多学科都是从历史更悠久的学科中逐渐独立出来的。比如法学曾经是神学和哲学的一部分。18世纪末，学者们创立了分析法学，区分了"法"和"道德"的概念，并且开创了语义分析和逻辑分析的研究方法，使得法学成为一门独立的学科。

你认为创立一门学科需要具备哪些条件？有什么学科是你希望去创立的吗？

人在排便时心理
会产生怎样的变化？

有人的地方就有江湖，有江湖的地方就有心理学。

在心理学的这个江湖里，帮派林立。其中构造主义是华山派，历史悠久，却成不了盟主；机能主义是少林派，实战中能打、日常生活中有用；行为主义是武当派，名气大、无人不知，却毁誉参半；精神分析是丐帮，实力强，却得不到主流认同……

铁钦纳语录

心理学实验就是在标准条件下进行的一次内省或一系列内省。

这一节，我们来讲讲构造主义，这个流派统治了美国心理学 20 多年，对当时的心理学界影响巨大。它的创立者是冯特的学生——铁钦纳。

在冯特的学生们纷纷质疑他的学说时，这个叫铁钦纳的学生却始终坚定地拥护冯特的思想。

1867 年，铁钦纳出生在英国，他从小就是个学霸，在校期间经常获奖。18 岁时，铁钦纳进入英国牛津大学学习哲学。1890 年，铁钦纳毕业后到德国莱比锡大学游学，进入了冯特的实验室，学习生理学和心理学。

两年后，铁钦纳拿到了博士学位，到美国康奈尔大学担任教授。他非常尊敬冯特，把老师的所有东西都带到了美国——包括思想体系、教学方式、行为举止，他甚至还留了与冯特同款的大胡子。

入职不久，铁钦纳就使康奈尔大学的心理学实验室发展成为美国最好的内省心理学实验室。铁钦纳认为，心理学和自然科学一样，要努力回答"是什么、为什么、怎么样"这三个问题。

人的心理活动到底是什么呢？铁钦纳认为，要研究人的心理，就应该将复杂的心理活动拆碎，分解成更基本的元素。如果把人的心理活动比作一栋大楼，那铁钦纳的方法就好比将这栋大楼拆解成一个个小块。铁钦纳把心理元素分成感觉元素、意向元素、情感元素等，其中感觉元素里的视觉元素就有三万多种，心理的大楼被他拆成了一地的砖块、钢筋、水泥。

为什么人会产生各种各样的心理活动？铁钦纳认为可以通过拆解心理活动来理解心理活动的产生。在拆解心理大楼的过程中，我们可以记录下不同小块之间的关系，来理解这些小块如何构成一栋大楼。在感觉方面，铁钦纳探究了每种感觉元素的特征，以及元素之间的相互关系，并且做了详细的记录。

明白了"是什么"和"为什么"之后，我们就可以更进一步去理解心理活动是怎样产生的。在拆解出不同元素和记录元素之间关系的基础上，一个完整的心理过程就能重构。这个过程就像

用砖块、钢筋、水泥盖起一座心理大楼一样。

铁钦纳和冯特的心理学思想存在一些差异。比如冯特虽然认为心理学是一门独立的学科，但他并不主张将心理学与哲学彻底分离；而铁钦纳认为心理学是基础学科，属于自然科学范畴，应该彻底与哲学分离，只观察和研究心理内容本身就可以了，不必关心和讨论心理的意义和功用。

在研究方法上，铁钦纳和冯特也有区别。冯特的内省法主要用于研究简单的心理过程，比如感觉等。但铁钦纳则试图将内省法用在精确控制的实验中，来研究思维、想象等复杂的心理过程。因此，在铁钦纳"纯"科学的心理学研究中，参与实验的人需要接受严格训练，比如他们需要戴上眼罩，用内省法说出丝和绸的区别。经过

这样的反复训练，他们才能成为合格的实验参与者。

　　铁钦纳这种将心理过程拆解然后又努力拼回去的思想，被称为"构造主义"。不过后来，构造主义慢慢衰落，机能主义和行为主义成了心理学的主流，晚年的铁钦纳基本退出了心理学界，把精力放在了收集古钱币上。

铁钦纳眼里的其他心理学研究

铁钦纳只对正常成人进行心理研究，他认为其他心理学研究都不正宗。

心理测验？那就是廉价货，只能测出心理的皮毛，测不出心理的本质。

教育心理学？那就是教育技术，没什么技术含量。

工业心理学？那就是科学心理学的堕落，心理学成了资本的附庸。

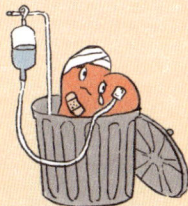

心理疾病研究？结果根本就没用，跟精神病医生比起来就是小儿科。

27

为什么铁钦纳被称为
构造主义的奠基人？

迈德：我怎么觉得铁钦纳和冯特的思想差不多？为什么不能说是冯特创建了构造主义？

赛克：他们的想法确实很像，而且两个人都强调用内省法来研究人的心理。但是，冯特的很多心理学思想都比较零碎，不成体系。而铁钦纳则将"构造主义心理学"的内容体系化，提出了研究什么、如何研究等一整套思想，并给自己的学派正式命名。这也是为什么一提起构造主义，大家想到的奠基人是铁钦纳而不是冯特。

如果用一个比喻来说明冯特和铁钦纳思想上的差异，那就是冯特为构造主义提供了一粒种子，而铁钦纳将其培育成了参天大树。

迈德：你相信吗，竟然有人热衷于研究人在排便时的心理和情绪变化？

赛克：哈哈，真是世界之大，无奇不有！铁钦纳就做过这项研究，他让参与实验的人在每次上厕所时都拿个本子，仔细记录自己的感受。这项实验持续了几个月。

你能否用同样的方法，研究一下人在紧张时的心理活动呢？你觉得这种研究方法有什么缺点吗？

人是因为害怕才发抖，
还是因为发抖才害怕？

19 世纪上半叶，美国进入工业化时代。在社会有了巨大进步的同时，各种复杂多变的社会问题也接踵而来。在这样的背景下，一批美国心理学家开始思考心理学有什么用、如何利用心理学去帮助陷入困境的人等问题。在此基础上，美国心理学家们发展出了一个新的流派——机能主义。

詹姆斯语录

播下一个行为，你将收获一种习惯；
播下一个习惯，你将收获一种性格；
播下一个性格，你将收获一种命运

1842 年，威廉·詹姆斯出生在美国纽约一个富裕的家庭。他是家中的长子，接受了非常优质的教育。1861 年，他进入美国哈佛大学学习。从化学到生物，再到医学，詹姆斯一直在探索什么是自己最喜欢的专业。1864 年，22 岁的詹姆斯来到德国，开始学习生理学和心理学。

1872 年，詹姆斯成了哈佛大学的生理学老师。1875 年，他开设了一门课程——生理学和心理学的关系，这门课成了美国的第一堂心理学课。詹姆斯还特意找来了一批设备用于心理学实验。因此，詹姆斯被称为"美国心理学之父"。

詹姆斯反对构造主义将心理过程拆解成元素的做法，他认为人的心理是一个统一的整体，心理活动的内容一直在不断变化，因此对它进行元素拆分没有意义。人的心理活动就像一直在流动的河流，无论舀取其中多少水进行分析和研究，都无法真正理解河流奔腾不息的壮阔。

詹姆斯特别强调，人的心理活动有助于人适应环境，因此，要关注心理活动的适应机能，重视心理学的实际应用。因此，对詹姆斯等心理学家来说，心理学研究要回答的关键问题是：行为的"目的"或"机能"是什么。比如他们不关心记忆的过程动用了多少心理元素，只关心记忆是如何发生的，以及怎样有效提高记忆力等。

在詹姆斯等心理学家的推动下，机能主义成为美国本土产生的第一个心理学流派。整体上来说，机能主义分为两个分支。

芝加哥大学机能主义的代表人物是美国哲学家杜威。他指出，孤立地研究一个心理元素纯粹是浪费时间，因为它忽略了行为的整体目的。1896年，杜威在《心理学评论》上发表了题为"在

心理学中的反射弧概念"一文。他认为，心理活动是一个连续的整体，在刺激与反应之间、感觉与运动之间并不存在鸿沟。比如当我们的手碰到烫的或尖锐的东西时，会本能地迅速缩回去。在这一过程中，我们对能带来伤害的物体有了进一步的认知，然后这一认知使我们能更好地适应生存环境。在此基础上，杜威推动了美国教育领域的重要改革。这一改革的趋向是抛弃机械式的记忆和学习，通过实践学习的方法激发学生的好奇心，加深他们对问题的理解。

小朋友不可以做这样危险的动作哟！

哥伦比亚大学机能主义的代表人物是桑代克。桑代克在1898年出版的《动物的智慧》一书中，提出了"尝试与错误"学习理论，也就是通过不断尝试、不断犯错，最终找到正确的解决问题的方法。这一学派很喜欢搞测验，热衷于设计心理测验和教育测验，编制写字、绘画、写作等标准化教育成就测验、学业能力测验等。他们认为，心理学的重要任务之一就是开发能测量个体之间差异的技术。后来，随着行为主义的兴起，机能主义心理学家的研究逐渐过渡到了行为主义领域。

咕噜

心理学界的偶像人物詹姆斯

詹姆斯曾两次担任美国心理学会主席。在 1970 年美国心理学会举行的投票中，詹姆斯在"对心理学发展最具影响力人物榜"排第 6 位。

詹姆斯的《心理学原理》一书为他的声望奠定了基础。这本书曾被译成法语、德语、意大利语、俄语、西班牙语、汉语等几十种语言。他的写作风格活泼风趣，书中充满了隐喻和生动的例子。

在描述情绪和身体的关系时，詹姆斯写道："传统观念认为，我们丢了钱，会伤心和哭泣；我们遇到一头熊，会恐惧并逃跑；我们被对手侮辱，会怒而攻之。"但其实这种说法的顺序是错误的，身体的表现应该先于情绪体验。因此，合理的表述应该是："我们感到伤心，因为我们哭泣；我们害怕，因为我们发抖；我们愤怒，因为我们在反击。"

詹姆斯的著作点燃了人们对心理学的兴趣，促使更多人投身于探索心理学的事业。很多功成名就的心理学家在回顾自己走上心理学之路的初衷时，都会提起詹姆斯的影响。

为什么人类会发动战争？

迈德：詹姆斯还关注过哪些问题？

赛克：詹姆斯曾研究过战争背后的心理原因。他认为，当一个集体面临威胁时，战争能创造出一种团结的感觉，并带来一种凝聚力。

迈德：啊！这不就等于说人类喜欢战争吗？

赛克：不，詹姆斯是一个坚定的和平主义者。他的核心思想是希望人类寻找一种与战争类似的东西，这种东西能给人们带来凝聚力，同时又不会破坏人们的生活。他认为，要消灭战争，不能仅靠打压人们内心存在的"抱团和攻击"的念头，而是要给这些念头找到一个宣泄口。

迈德：他找到了吗？

赛克：他认为，各类体育运动就和战争有相似之处。你有没有为喜欢的球队欢呼雀跃过？有没有为班级在运动会上取得的好成绩而兴奋不已？大到国家队之间的比赛，比如世界杯、奥运会，小到不同团体之间的竞赛，比如学校运动会、小组拔河比赛，都为人们创造了团结感，提高了凝聚力，给人们的欲望找到了一个宣泄口，在某种程度上充当了战争的替代品。

想一想

迈德："有用"真的是判断一切的标准吗？

赛克：不能这么说吧。只能说，在某个时期，有些人认为有用最重要。比如我们学习的知识，现在看起来可能没有什么用，但是或许以后的某一天就能派上用场。

迈德：也就是说，现在有用的，以后不一定有用。

赛克：哈哈，也可以这么说。

你觉得学习心理学有哪些用处？请你至少列出三种用处。

为什么巴甫洛夫的狗听到口哨声会流口水？

20世纪初，在经济飞速发展的同时，人类产生了一种盲目的自信，认为世界很快就会尽在掌握之中。这个时期的美国，实用主义哲学的影响也达到了巅峰。社会变革对心理学的发展产生了深刻的影响。很多人开始认为，心理学没有必要研究意识、灵魂、思想等看不见、摸不着的东西，应该研究实实在在的行为。恰好，这一时期生理学家的研究成果，让心理学家看到了在新方向探索的希望。

巴甫洛夫语录

蜂鸣声、节拍声以及触觉和热感，在一般条件下是不会引起唾液分泌的。但是通过条件反射作用，它们就有能力做到这一点。

构造主义和机能主义两个流派"相爱相杀"，维持着某种微妙的平衡关系，一起统治了心理学界很多年。就在大家苦思冥想怎么才能让心理学有用时，俄国科学家巴甫洛夫在1897年有了一项突破性的发现。巴甫洛夫认为，当时的心理学过分强调心灵、意识等虚幻的、凭主观臆断推测出来的东西。他说，在他的实验室里，绝对不允许使用心理学术语。不过，就是这样一个看不起心理学的人，却为心理学研究做出了重大贡献——虽然那并不是他的初衷！

巴甫洛夫最初的研究确实和心理学没有直接关系，他研究的是消化腺的生理机制，并获得了诺贝尔生理学或医学奖。他发现，当狗口腔内部的感受器接触到食物时，狗的唾液腺就会产生唾液；而当狗看到想吃的食物时，它也会分泌唾液。

巴甫洛夫还发现了一个现象：有的时候，狗并没有看到食物，只是听到口哨声，也会分泌唾液。口哨肯定不能吃，但是口哨声为什么能让狗产生和看到食物时一样的反应呢？

刚发现这个现象时，巴甫洛夫很生气，他以为是自己的实验出了问题，或者是实验助手有问题。可在开除了几个助手后，这个现象依然存在。经过反复观察，他终于找到了原因——狗将口哨声和进食联系了起来。

刚开始，狗听到口哨声并不会分泌唾液。但因为助手在喂狗吃东西时经常吹口哨，所以狗都是在进食时听到口哨声。时间一长，狗就养成了一个习惯——听到口哨声就会分泌唾液。巴甫洛夫将这一过程称为"条件反射"。

当我们吃梅子时，会自然而然地流口水，这个流口水的过程是"无条件的"，因此被称为"无条件反射"。但当我们在听到或想到梅子时也会流口水，则是因为大脑皮质会将梅子的形象或文字与之前吃梅子时流口水的过程联系起来，使我们没有看到梅子，也会开始流口水，这个过程就是"条件反射"。

除了巴甫洛夫与狗之外，心理学界还有一对人与动物的"王牌"组合，那就是美国心理学家桑代克和他的猫。桑代克是心理学史上用动物来研究学习行为的第一人。心理学的研究对象是人，但由于伦理限制，很多研究不能在人身上进行，只能先从动物身上发现规律，再推及人类。除了猫之外，桑代克还养鸡、狗、鱼和猴子，这甚至让房东误以为他是马戏团的驯兽师。

桑代克使用了一种创新的实验方法。他用废箱子做成一个类似迷宫的"迷箱"，在迷箱里面放入一只饿了很久的猫，在迷箱外面显眼的地方放了一条鱼，让猫自己玩"密室逃脱"，他则在旁边观察。最开始，他发现猫只会在迷箱里瞎转，不知道该怎么走，偶尔会无意撞到出口，逃出箱子，但这通常需要花很长时间。实验重复多次后，饥饿的猫在迷箱中转来转去的次数越来越少，花费的时间也逐渐减少。训练到一定次数以后，一把猫放入迷箱，它就会直奔出口，

很快就能从迷箱中逃脱。

这说明，猫学会了"密室逃脱"！怎么学会的？就是通过不断犯错、不断尝试，逐渐找到解决问题的办法。在不断的尝试和失败中，猫会慢慢记住那些有助于逃脱的行为。这些逃脱的行为，可比分泌唾液要复杂很多倍。

在心理学史上，巴甫洛夫和桑代克被誉为早期行为主义的代表人物。这一流派把行为解释为接受刺激—产生反应的过程，并开展了大量动物行为研究，用从动物研究中得到的结论来解释人的行为。不过，人的行为可比动物的复杂多了，因此他们对人类行为的解释还是存在很大的局限性。

望梅止渴与条件反射

传说在三国时期，有一次曹操带兵打仗，到了中午，烈日当空，天气十分炎热。将士们拿着沉重的武器，又渴又饿，士气低落。

曹操看了心里着急，于是派人四处找水，结果附近根本没有水源。情况越来越危急，曹操眉头紧皱，思索了一下说："将士们，前面有一大片梅林，结的梅子又大又好吃。我们快点儿赶路，绕过这座山丘就到梅林了！"将士们一听，想起梅子的味道，口水顿时流了出来，也就不觉得那么渴了。于是将士们一鼓作气急行军，终于找到了水源。

这个故事中，将士们之所以能"望梅止渴"，正是因为想起梅子时，发生了条件反射现象。

条件反射现象的原理是什么？

迈德：巴甫洛夫发现了条件反射现象，可是这种现象为什么会出现呢？

赛克：巴甫洛夫并没有解释这一点。后来，加拿大心理学家赫布根据自己的研究总结出了赫布法则，从细胞层面解释了这个问题。赫布法则用英文来说是"Fire together, wire together"，也就是说，如果两群细胞经常同步激活，它们的"联系"就会越来越紧密。

迈德：赛克，你能举个例子吗？

赛克：以巴甫洛夫的狗为例吧。小狗的脑袋里有一群负责"听口哨声"的神经元，还有一群负责"流口水"的神经元，这两群神经元本来没有

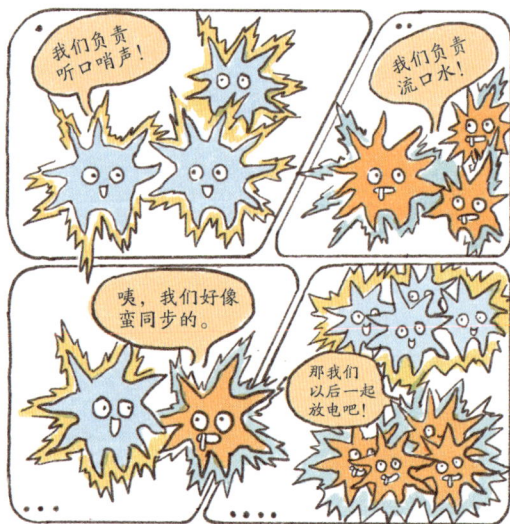

48

联系。但是，如果每次"听口哨声"神经元因为听到口哨声而兴奋的时候，"流口水"神经元都会因为要吃东西而兴奋，时间一长，两群神经元就会紧紧地联系在一起，成为一大群神经元。所以，当小狗再听到口哨声时，就会开始流口水。

桑代克通过"密室逃脱"实验得出结论——在不断的尝试和失败中慢慢消除那些无用的行为，记住那些有用的行为，可以让有用的行为和行为的目标之间建立联系。

你在学习过程中用得上这个结论吗？和朋友们讨论一下吧。

我们的意识是没有用的吗？

巴甫洛夫对狗的研究和桑代克对猫的研究启发了很多后来的研究者。有个叫华生的心理学家开始思考是否可以把这类方法应用到人的身上，并做了大量的相关实验，最终形成了一个占统治地位长达半个世纪的心理学流派——行为主义。

1913 年，华生在《心理学评论》杂志上发表了题为"行为主义者心目中的心理学"的论文，并提出了行为主义理论。在这篇论文中，他一个人"单挑"整个心理学界，认为之前的心理学研究都弄错了重点，行为主义才最有价值。这篇论文成为行为主义心理学正式确立的宣言。十多年后，行为主义统治了心理学界，构造主义和机能主义则成了历史。

华生认为，如果继续研究意识等问题，心理学将永远不可能成为科学，甚至根本没有存在的价值，因为意识根本就不存在！他认为心理学界对一个根本不存在的对象热热闹闹地进行了长达几十年的研究，完全是在胡编乱造。要让心理学成为真正的科学，就必须研究那些可以观察到的客观行为，通过行为反过来推断心理过程。

我可是大侦探福尔摩斯最好的朋友华生！不是研究心理学的！

比如想了解一个人是不是自己真正的朋友，就不能只听对方口头说
"我和你是最好的朋友""有困难尽管找我"之类的承诺，而是要
看他的实际行动！比如在你遇到困难的时候，他是否愿意帮助你；
在你遇到危险的时候，他是否愿意挺身而出等。因为行为是可以观
察和测量的，我们可以通过一个人的行为表现来推断这个人是否真
的把你当作朋友。

　　尽管华生一直声称"研究意识没有价值"，但其实他并没有彻
底忽略意识，而是强调意识也能通过行为观察到。比如人在思考问
题的时候，嘴里会念念有词；情绪激动的时候，汗腺分泌会更加旺
盛等。总之，行为主义的关注点在那些可以从外部观察和测量的东
西上，而不是内心活动。

华生这些观点的理论基础是：人的行为基本上都是各种各样的条件反射的结果，就像巴甫洛夫的狗把口哨声和食物联系起来，听到口哨声就流口水一样。给人一定的刺激，人就会做出某种反应，这些刺激可以是声音、光亮，也可以是故事、传说。比如华生研究婴儿的时候发现，婴儿不会对黑暗或火表现出恐惧，也不害怕蛇、老鼠和狗；他们不但不怕，而且会对这些刺激物充满好奇心和探索欲。那么为什么更大一些的孩子就会害怕这些东西呢？华生认为是他们"习得"了这种恐惧——把这些东西和一些让他们恐惧的刺激联系了起来。

华生自己就是一个特别害怕黑暗的人，以至于他连睡觉时都不敢关灯。在华生小时候，保姆告诉他恶魔会在夜晚到处游荡，专找不听话的小男孩！保姆的这句话在华生心里埋下了怕黑的种子，这种恐惧伴随了他一生。

因此，对于人的心理发展，华生否认遗传的作用，支持"白板说"。他认为，人生下来都是一块白板，孩子都一样，没什么差别。在他眼里，什么天赋、倾向、基因都不重要，后天的教育才是关键。教育之于一个孩子，就相当于笔墨之于白板，笔在白板上画什么，一个孩子最终就能成为什么。孩子的一切都可以通过后天的努力塑造出来，并且教育过程中不能带有感情，只有脱离了"感情因素"的客观教育，才能培养出"成功"的孩子。

迈德的"人生白板"

华生把巴甫洛夫式的条件反射当作行为主义的基石。他认为自己是一位技艺高超的画师，他曾说："给我一打健全的婴儿，我可以把他们训练成任何类型的专家，从医生、商人到小偷，都行。"华生并不是吹牛，他真的动手做了相关的研究。这项研究被称为"小阿尔伯特实验"，是心理学史上最受争议的实验之一。实验目的是探究人的恐惧是天生的，还是可以后天培养出来的。

小孩都喜欢毛茸茸的玩具和小动物，喜欢抱着它们、抚摸它们、跟它们玩过家家。但是，华生却能让孩子害怕这些毛茸茸的东西。在这项实验中，小阿尔伯特每次碰到这些毛茸茸的东西时，都会听到可怕的响声，比如锤子敲击金属产生的声音。在多次这样的经历之后，小阿尔伯特一看见毛茸茸的东西，比如狗、白色裘皮大衣、圣诞老人带胡子的面具时，都会露出惊恐的表情，并拼命想逃走。

　　在行为主义的追随者看来，塑造一个人的行为似乎很简单。比如如果想让客人觉得餐厅的食物更好吃，可以在他们用餐的时候播放优美的音乐；如果想帮助一个人戒烟，就在他抽烟的时候给他闻令人恶心的气味；如果想让一个人害怕黑夜，就在夜里给他讲恐怖的鬼故事……这些方法同样利用了条件反射原理：将一个不带情绪色彩的行为，与一个带有强烈情绪色彩的刺激同时呈现，那么人们很容易将后者的情绪体验附加到原来的行为上，进而改变自己的行为。

　　因为实验伦理等问题，华生后来被心理学界扫地出门。不过，他把自己总结出来的行为塑造策略应用到广告创意上，很快就荣升为广告公司副总裁，收入丰厚。

心理学实验伦理

　　心理学实验的伦理标准要求研究员在实验的过程中，不能对人的身体和心理造成任何损害。华生的小阿尔伯特实验明显违反了人类行为研究中的伦理标准。小阿尔伯特对华生和他的团队来说，就如同一只小白鼠，只是一只用来做实验的动物。至于这样的实验会对小阿尔伯特造成怎样的影响，他未来会变成什么样，华生似乎并不关心。实验完成后，不需要任何外界刺激，恐惧就已经牢牢占据了小阿尔伯特的内心，而华生并没有帮助这个孩子去除条件反射带来的影响。

　　这个实验被后人认为违反学术道德。现在，任何一家研究机构都不赞成、也不允许研究员从事这类研究。然而，在一个世纪以前，心理学实验的伦理标准还没有正式形成。所以，在早期心理学文献中，可以看到不少违背实验伦理的实验。

什么是世界上最好的广告？

迈德：很多餐厅都会开辟出游乐区域，供小朋友们开心畅玩。有的地方甚至会安排专门的工作人员领着孩子们唱歌、跳舞、做游戏。要知道，核心商业区寸土寸金，餐厅这么做的目的是什么呢？

赛克：这就涉及华生的理论了，你如果在一家餐厅玩得开心，就会逐渐把"某某餐厅"与"快乐时光"联系起来。等下次你肚子饿了，又一时想不出吃什么的时候，这家餐厅就会成为你的一个优先选项。

迈德：我终于理解华生离开学术界，转入广告界后取得巨大成功的原因了。

赛克：这个世界上最好的广告，就是让你在"生理层面上记住它"。销售一种商品，最重要的是让消费者产生兴奋、高兴、满足等情绪。

华生的"消除恐惧"实验

运用行为塑造的策略，华生让小阿尔伯特对毛茸茸的小动物产生了恐惧。你可能会问下一个问题：如何才能消除这种恐惧呢？对此，华生也进行了大量的研究，他尝试了下面三种方法。

第一种方法：让孩子在一段时间内不再碰到让他恐惧的对象。不过他发现这一方法无效。一个小女孩在对兔子产生恐惧之后，尽管两个多月都没见到兔子，但只要一见到兔子，她就会立刻号啕大哭。

第二种方法：与孩子谈论让他恐惧的内容。事实证明，这种方法也无效。即便孩子说自己能接受、不害怕，但是真见到让他们恐惧的对象时，他们仍然无法克服恐惧。

第三种方法：使用条件反射的策略。实验者让一个害怕毛茸茸小动物的孩子坐在椅子上吃早餐，当他吃到好吃的饼干时，实验者把一

只装着兔子的笼子带进房间，放在离他很远的地方。第二天，实验者把兔笼放到离孩子近一些的地方。接下来的几天，兔笼被放得离孩子越来越近，最后被直接放到了孩子的餐桌上。这时，这个孩子甚至可以一只手拿着东西吃，一只手轻拍兔子。孩子不怕兔子了，也慢慢不再害怕其他毛茸茸的玩具了。

第三种方法起了作用。简单来讲，就是在孩子因为享用美食而感到开心的时候，让他害怕的东西逐渐靠近他。为什么这种方法能够起作用呢？在刚刚接触兔子的时候，进食的快乐体验能够降低对兔子的恐惧程度；而在恐惧程度降低后，孩子会逐渐将快乐的体验与兔子联系起来。这样，孩子就一点点地克服了对兔子的恐惧。

想一想？

你有没有一些小习惯，是爸爸妈妈希望你改掉，但你不愿意改的？你可以尝试列出一些理由去说服爸爸妈妈吗？

为什么婴儿最先学会说的词是"妈妈"？

　　在华生的"研究可以观察的行为"这一原则迅速被心理学界接受后，美国的一些研究者在吸收华生研究思想的同时，也意识到了行为主义的缺陷。他们开始反思华生的理论，努力修正和完善其中过于极端的部分，特别是那些无视人的内在心理活动的观点。他们既坚持"研究可测量的行为"，也研究个人的主观认知活动，在行为主义的基础上逐渐发展出了新行为主义流派。

行为主义理论认为刺激和行为反应之间的对应关系相对单一。而新行为主义理论则认为，在刺激和行为反应之间，还存在"中介变量"。就算刺激相同，由于中介变量不同，行为反应也会有所不同。这个中介变量往往是个人的主观认识和判断。

由于人们对"中介变量"作用的原理解释不同，所以新行为主义形成了不同的理论分支。其中，最主要的几个分支分别是认知行为主义、逻辑行为主义和操作行为主义。

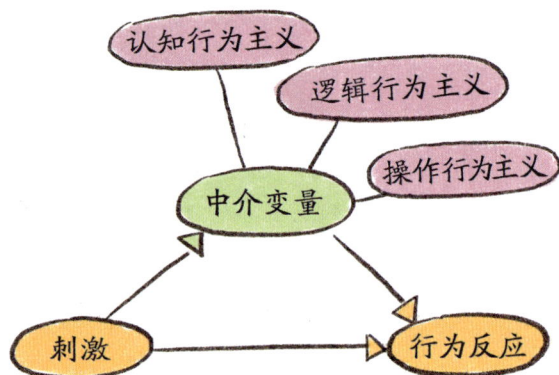

认知行为主义的代表人物叫托尔曼，他先在美国麻省理工学院学习工程，后就读于美国哈佛大学，改学心理学。托尔曼首次提出"中介变量"的概念，他认为华生的"给予某种刺激，产生某种行为"的理论存在缺陷，在刺激和行为之间，还有个人的"内在决定因素"在发挥作用。

这一"内在决定因素"，指的是个体对整体环境的认识和判断。在小阿尔伯特的实验中，如果孩子不是单独对"可怕的声音"产生反应，而是把这一声音放在整体环境下统筹考虑，那么他的反应也可能不一样。孩子可能会这样想：是实验人员故意用锤子敲击金属，才制造出可怕的声音。这样，他就能总结出声音的规律，调节自己恐惧的情绪，甚至不再害怕这种声音。

逻辑行为主义的代表人物叫赫尔。赫尔的学术道路一波三折，由于家境贫寒，他不得不经常中断学业，通过打工维持生计。好不容易读完本科，刚毕业的他又患上了脊髓灰质炎，落下半身麻痹的后遗症，终身拄拐。在漫长的求学过程中，他曾多次因为经济和身体原因休学，直到34岁才拿到博士学位。

赫尔也不认同"给我刺激,我就做出反应",他觉得这种模式过于简单。他认为,刺激会在人的脑海中留下记忆痕迹,而这些记忆痕迹会直接影响人的行为。生活中很多事情发生的诱因都是记忆,而不一定是某种外部刺激。比如我们去一家餐厅用餐后,餐厅里的食物带给我们的美好体验会留在记忆里。此后,当我们回忆起那次美好体验的时候,就会产生再去吃一次的想法。

不过,在我们由于记忆产生了某个想法之后,这个想法不一定能直接转变为具体行为。一个想法能不能转化为行为,还需要经过一个复杂的权衡过程。比如晚饭你吃得很饱,就算再有一块巧克力蛋糕摆在你面前,你也可能一口都不想吃了,因为此时促使你继续吃的原动力不足。

因此,从逻辑行为主义的角度看,外部的刺激不会直接诱发人的行为,必须经过一个"中介变量"的作用,这里的中介变量就是人的记忆,以及在此记忆基础上,预判行为有可能产生的后果,对其进行综合权衡的逻辑思考过程。因此,赫尔的理论被称为逻辑行为主义。

操作行为主义的代表人物叫斯金纳。他曾经立志成为作家，最终却在心理学界成名。斯金纳是个高调的人，他喜欢上电视宣传自己的理论、公开演讲和辩论。曾受过作家训练的他，口才非常好。博士论文答辩时，答辩主席说："请你概括一下行为主义的缺点。"他的回答是"没有"！

没有！

请你概括一下行为主义的缺点。

斯金纳认为，动物和人类的学习行为是随着一个起强化作用的刺激而发生的。在一个自发产生的行为发生后，给予一个强化刺激，这一行为再次发生的概率就会增加。例如，假如我们把一只鸽子放进笼子，起初，鸽子在笼子里乱动，但有一次，鸽子无意间做出了一个转圈动作，意外地发现有食物掉进笼子。同样的事情发生几次之后，鸽子就会逐渐总结出一条规律——"转圈可以获得食物"。于是，鸽子开始主动、频繁地转圈。鸽子最初的那个转圈行为是自发的、随机的，但由于出现了食物这样的强化刺激，鸽子就逐渐学会了转圈动作。这就是操作性条件反射的建立过程。

相反，如果一个自发行为发生后鸽子受到惩罚，这一行为再次发生的概率就会降低。

因此，斯金纳理论里的"中介变量"是我们做出某种行为后受到的强化。如果某种行为受到积极强化，此行为出现的概率就会提高；如果某种行为受到惩罚等负面反馈，此行为出现的概率就会降低。比如如果饥饿的老鼠每次踩到踏板都会得到食物，它就会不断地踩踏板；而如果一个人因为撒谎而受到惩罚，下次他再想撒谎的时候就会犹豫再三。

斯金纳通过这一方法训练鸽子辨别颜色、打乒乓球，甚至训练老鼠打篮球。他还出版了《动物的学习》一书，专门描述他的行为塑造方法。当然，他认为他的方法同样适用于人，认为人的行为几乎都是操作性强化的结果，甚至用这一策略来塑造自己女儿的行为。他是 20 世纪中期最受关注的新行为主义研究者。

新行为主义不仅研究人的行为，也把人的心理状态纳入考虑范围。它被应用到教育学等很多领域中，影响非常深远。不过，新行为主义也有自己的局限性，研究者虽然把心理状态引入自己的理论，却没有充分解释它的作用机制。关于人类的行为和人类的内心世界，仍然有很多谜题悬而未决。

喵星大课堂

鸽子制导

导弹发射后，要通过特殊的方法来引导和控制导弹不断调整飞行的路线，最终准确地击中目标。这种方法被称为"制导"。

现代的制导手段很多，比如陀螺仪制导、红外制导、主动雷达制导、GPS 制导等。但在第二次世界大战之前，这些先进的制导技术还没有出现，或者还不成熟。当时，斯金纳提出了一种让人耳目一新的制导方式——鸽子制导。

　　斯金纳把鸽子装进导弹内部特制的小笼子里，笼子里安装着屏幕，鸽子要用嘴巴去啄屏幕上的目标，比如某座建筑。如果鸽子啄中，就会得到食物奖励。经过长期训练，鸽子就能够引导导弹击中目标。当时的美国军方还没有完善的制导系统，于是对斯金纳的鸽子制导策略进行了考察，斯金纳也通过实验证明鸽子制导非常有效，能够大大提高导弹的命中率。

　　但问题是，训练鸽子的过程很漫长，无法实现批量生产。当时二战已经爆发，美国政府无法把时间和精力投入到训练鸽子上，这一策略也就被搁置了。

婴儿真的学会喊妈妈了吗？

迈德：为什么世界上大部分婴儿最早学会说的词语都是"妈妈"或者"爸爸"？

赛克：斯金纳用自己的操作性条件反射理论来解释这种现象。婴儿尝试发声的时候，其实会发出很多不同的声音，比如，"呜""哈""嗒"等。成人往往并不会给这些声音太多的关注和反馈。但是，如果婴儿发出类似"妈"的声音，家里人都会给予强烈的反馈，比如大笑或者抚摸。这样，婴儿就逐渐知道这个词有独特的含义，就学会了叫"妈妈"。

迈德：看来不是婴儿学会了叫"妈妈"，而是成人的反馈帮他选择了"妈妈"这个词。

妈妈！

如何训练一只海豚顶球？

你看过海洋馆里憨态可掬的海豚表演顶球吗？你有没有想过，动物训练员是怎样训练动物的呢？这就要用到操作性条件反射的知识了。

你们家养小猫、小狗，或者其他小动物吗？如果养，请你设计一个简单的操作性条件反射训练项目，教它学会一个动作。

人的心理可以拆开再重组吗？

　　在美国的心理学研究者疯狂批判冯特的理论时，在冯特的老家德国，心理学家们也对冯特主张的将人的心理进行拆解，然后再组装起来，组成心理过程的这一理论进行了批判。他们认为人的心理是一个整体，不能进行拆解，并且提出了自己的理论——完形心理学，也叫格式塔心理学。

在下面这张图里，你有没有看到三角形？

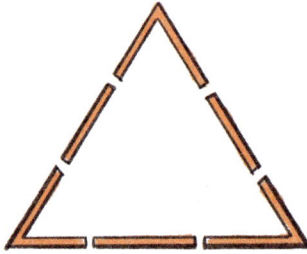

你可能会看到一个三角形。但是，仔细看看，你会发现这个三角形的边是断开的，并没有连起来，可这不会影响你把整个图形看成三角形。

再看看下面这张图，你有没有看到三角形？看到了几个三角形？

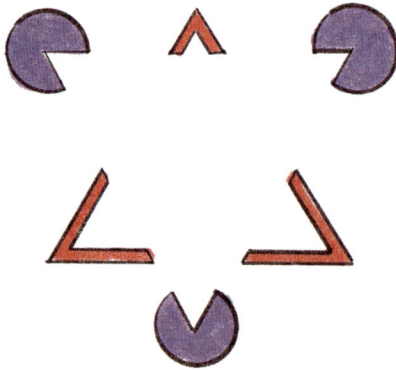

你可能会看到两个三角形。不过，它们和真正的三角形比起来，还差很多部分。

上面这两个例子体现出了格式塔心理学提出的"整体加工"原

则——我们的大脑是根据整体的形式来加工信息的，而不是分开加工单独的元素。

格式塔心理学认为，我们能够主动地将感知到的外部世界组织成连贯的整体。我们的主观经验是一个整体，而整体总是大于部分之和。就像我们看到的第一个图形，我们会看到一个以整体形式出现的三角形，而不是单独的各个部分。

格式塔心理学的代表人物有韦特海默、苛勒和考夫卡。1912 年，韦特海默发表了论文《关于运动知觉的实验研究》，标志着格式塔学派正式成立。格式塔学派的成立比华生等人创建行为主义学派还要早半年。

韦特海默首先提出了"似动知觉"这一心理学概念，即人对实际上没有空间位移的物体产生运动知觉的现象。

你有没有过这样的经历？坐火车的时候，如果你坐的这列火车还没启动，而旁边的火车先启动了，这个时候，你就会觉得自己坐的这列火车在向相反的方向移动，这就是一种似动知觉。

再举一个例子。夜晚的城市街头，霓虹灯闪烁。这些灯看起来仿佛在动，但其实是不同的灯的明暗切换创造出了灯似乎在运动的感觉。我们看到的不是静止的灯，而是流动的光线，这说明人的知觉是整体加工而不是分部分加工的。

格式塔心理学认为，我们的知觉组织主要遵循以下几个原则。

一是相似原则，即相同或者相似的元素会形成一个整体。比如在下面的两张图中，左图中每一行的元素是相同的，我们的知觉会自动把元素组织成四行；而右图中，由于加上了突出的颜色，我们会把这些元素组织成四列。

二是接近原则，也就是靠在一起的元素容易被当成一个整体。在下面两张图中，我们会把右图中的圆点分成三组，每组两列。

三是闭合原则，指的是我们倾向于将图形缺失的部分"填满"，使它构成一个完整的图形。比如你可能会把下面这张图看成一只大熊猫。前面提到的三角形的例子也是闭合原则的体现。

格式塔心理学不仅研究简单的感觉和知觉问题，也研究复杂的思维过程。其中，最著名的就是苛勒关于黑猩猩的实验。

1913 年，苛勒被派往南非加那利群岛的西班牙属地特纳里夫岛研究黑猩猩。由于第一次世界大战的爆发，他在岛上滞留了 7 年之久。在此期间，苛勒通过对黑猩猩的研究，取得了世界一流的科研成果。

苛勒把饥饿的黑猩猩关在笼子里，在笼外远处放置香蕉，并在笼子与香蕉之间放置几根长短不等的竹竿，每根竹竿的长度都无法让黑猩猩够到香蕉。黑猩猩必须解决的问题是：怎么把两根竹竿接在一起，以达到够到香蕉的目的。结果表明，这样的考验难不倒黑猩猩。在尝试了几次用一根竹竿够香蕉失败后，它坐下来冥思苦想。突然，在某个瞬间，它展现出领悟的神情，然后巧妙地把两根竹竿插在一起，成功够到了香蕉。同样，苛勒还做过让黑猩猩通过把箱子摞起来，够到高处的香蕉的实验。

黑猩猩是怎么想到解决问题的策略的呢？苛勒认为，黑猩猩是靠"顿悟"，即瞬间闪现的灵感来解决问题的，也就是我们常说的"豁然开朗"。根据格式塔心理学，我们日常解决问题的过程并不像蒙着眼睛走迷宫，而常常是知晓了大部分的步骤，即理解整个情境中各种刺激以及它们之间的关系，就差最后关键的一步，而这最后一步就需要顿悟。

据说，两千多年前，古希腊学者阿基米德接到一个棘手的任务——鉴定新造的金冠是否掺了假。其实金冠的质量很容易测量，如果能知道金冠的体积，就可以计算出金冠中金属的密度，从而判断金冠是否是纯金的。可是金冠的形状不规则，怎么计算它的体积呢？为此，阿基米德尝试了很多种办法，都没有成功。直到有一天，他在泡澡时看到澡盆里溢出的水，突然顿悟——把金冠放入装满水的容器中，溢出的水的体积就是金冠的体积。

在解决这一问题的过程中，阿基米德知道整个计算过程的步骤，唯独缺少关键的一步。而顿悟的过程让他从整体上打通了整个思维环路，从而顺利解决了问题。

皇冠的体积在此！

　　格式塔心理学反对构造主义将心理过程拆解成部分的观点，为心理学提供了一个更重视整体性的视角。同时，他们将人的主观认知作为研究的核心，而不像当时盛行的行为主义那样只关心行为，这也促进了日后认知心理学的兴起。

蔡加尼克效应

苏联心理学家蔡加尼克在研究中发现，人们往往对没有处理完的任务印象更深刻。

蔡加尼克做了一个实验，她让被测试者做 22 项简单的小任务，并且随机打断其中一半的任务。

做完实验后，她让被测试者回忆自己做了哪 22 项小任务，结果发现，他们平均能回忆起的未完成的工作占 68%，但已完成的工作只占 43%。

未完成的任务在我们心里占据着更重要的位置，并且会反向激励我们去完成任务，这种现象被称为"蔡加尼克效应"。蔡加尼克效应说明人天生有圆满完成一项任务的内在驱动力，比如把一个自己没有画完的圆补全。但这也会造成一些极端的现象，比如一定要把一项任务在短时间内完成，或者明知道根本无法完成，也拖拖拉拉一直不肯放弃。所以，我们做计划的时候，可以想想蔡加尼克效应。对一项自己根本没有能力完成的任务，我们可以选择及时放弃，省出时间和精力去做自己能做好的事情。

"整体加工优先"有什么用?

迈德："整体加工"会让我们看到很多错觉，我觉得这样并不好!

赛克：这个"脑补"的过程虽然让认知过程变得不准确，但却是亿万年进化过程中自然选择的结果。

在原始人生活的年代，人类必须观察周围的整体情况，以确定是否存在危险，再决定自己的行动。如果一个人不管周围有没有野兽出没，看到一根香蕉就冲上去摘，那他可能早就被野兽吃掉了。

时间一长，这种"整体加工"的特点就成为一种生存优势，它可以节约很多用于思考和决策的能量，这远比纠结于一些细节更重要。

1976年，"维京一号"探测器在火星上发现了"火星人脸"。当时，这张图启发了很多科幻作家创作与火星有关的科幻作品，很多人甚至据此认为火星上存在高等文明。

但是，后来其他探测器访问这个区域的时候，重新拍下的照片却揭示了事实并非如此。

没错，这只是一座山。特定的拍摄角度，加上人类"整体加工"的认知特征，让我们看到了并不存在的"火星人脸"。

你在生活中有过"整体加工"的经历吗？比如把云朵看成一匹白马，把连绵起伏的群山想象成卧佛……

梦境真的能帮助我们更了解自己吗？

在很多心理学家努力促使心理学走向科学化时，一位叫弗洛伊德的奥地利心理学家却另辟蹊径，在人类的意识领域开展深层次探索，开创了心理学的另外一个分支——精神分析学派，为人们打开了一扇通往深度认识自我的崭新大门。

如果做一个随机调查，让人们写出一个自己知道的心理学家，大概绝大部分人写的都是弗洛伊德！弗洛伊德对心理学的影响太大了，以至于很多人干脆用他的名字来代表心理学。在大众视野中，弗洛伊德是心理学界名副其实的响当当的大人物，但在学术界，弗洛伊德的理论并没有那么受欢迎。从诞生之初，它就颇受非议，之后更是常年坐冷板凳，甚至很难被写进科学心理学史。

和其他心理学家不同，弗洛伊德最初是研究精神疾病的医生。他天资聪颖，通晓多种语言，有扎实的学术基础。从医学院毕业后，他的兴趣逐渐转向对心理疾病的治疗，并在实践中发展出自己的理论。

弗洛伊德最大的贡献之一是创新性地提出了"潜意识"这一概念。他认为，人类的意识就像漂浮在水面上的一座冰山，我们能看

到的是冰山露出水面的部分；可冰山更大的部分位于水面之下，这一部分我们自己是看不见的。人们自己看不见的水面之下的这部分意识，弗洛伊德称之为潜意识。

潜意识也被称为无意识，是指人类心理活动中自己不能认知或没有认知到的部分，是人们"已经发生但并未达到意识状态的心理活动过程"。

潜意识我们觉察不到，却会影响我们的日常生活。潜意识的内容包括我们的本能、冲动、童年心理印记、人格等，它决定了我们如何看待生命的意义、如何对现实做出判断和选择。

在潜意识概念的基础之上，弗洛伊德将人的人格分为本我、自我、超我三个部分。

本我遵循快乐原则。比如婴儿看到想要的东西就会伸手去抓，无论这个东西属于谁。

超我代表社会规范、伦理道德、价值观念。比如你在朋友家的桌子上看到了五元钱，本我的冲动会使你想要将它占为己有；超我将通过偷钱违反道德原则的罪恶感，来阻止这一行为的发生——如果拿走了钱，事后你可能会坐立不安，睡不好觉，担心自己受到惩罚，等等。

自我遵循现实原则。它试图找到一种合理的解决方案，既让本我的欲望能得到满足，又不违反超我的道德规范。比如你看到其他

小朋友有新奇的玩具，本我可能想要抢占甚至独占这个玩具，不管其他小朋友的反应；超我则会表示这个玩具是别人的，自己不应该抢占玩具；自我则会尝试平衡这两者，比如拿出自己的玩具，和其他小朋友交换着玩一段时间等等。

除了认为人的行为会被潜意识影响之外，弗洛伊德还提出了"性本能"的概念，认为"性本能"是一切心理及行为的原始驱动力。

弗洛伊德认为，人的行为的根本目的在于保存种族、繁衍后代。因此，只有获取性优势，才能在异性面前更具性吸引力，在同性之间有更大的性竞争力。

不仅如此，精神分析学派还通过进一步推理，提出一个人患上精神疾病也与原始驱动力受到压抑或扭曲有关。比如一个人 30 岁时得精神疾病的原因，很可能是因为 3 岁时有过心理创伤。

那应该怎样治疗这些创伤呢？心病还须心药医，找到症结所在才能治好疾病。问题是，谁会记得自己 3 岁时的遭遇？弗洛伊德认为，创伤深藏在人的潜意识里。尽管我们意识不到潜意识，但潜意识还是可以通过一些行为"泄露"出来，比如梦境、口误和移情。

梦境在精神分析的理论中非常重要。弗洛伊德认为，梦不是偶然形成的联想，而是被压抑的潜意识欲望的变相满足。透过某些梦境，人们可以了解内心的需要与情绪。人平时会压制自己觉得不对的想法，但在睡眠时，人的控制力降低，潜意识中的欲望会通过伪装乘机闯入意识，形成梦境。通过对梦的分析，我们可以窥见一个人的内心，探究其潜意识中的欲望和冲突。比如一个小女孩经常梦见弟弟做坏事受惩罚、放声大哭或走失，结合父母重男轻女的养育方式，这很可能反映了小女孩内心的妒忌，甚至远离弟弟的愿望。

口误就是不小心说错了话。弗洛伊德认为，所有口误都是潜意识的真实流露，口误的内容往往是内心深处真实想法的反映和写照。人们常常把一些可能使自己痛苦或难为情的想法、冲动或记忆压抑着，不让自己意识到，以免痛苦、焦虑。但是这些被压抑的东西并未消失，当我们放松对意识的控制时，那些潜藏的想法就会突破阻挠，浮现到意识层面并体现在行为上，让人们在日常生活中犯种种"不经意""下意识"的错误。以口误为例，当参会人员都到齐了，领导说："各位，我宣布会议正式结束！"在这种情况下，一个可能的解释就是，这位领导认为这次会议对他毫无利益可言，内心希望它早点儿结束，于是脱口而出。可见，通过口误中流露出来的蛛丝马迹，能看到一个人内心深处的想法。

　　移情指的是将情绪和体验转移到另外一个人身上。它主要发生在心理治疗过程中，指的是病人可能将治疗师看成自己成长过程中的重要人物，并将与这些人相关的情感不自觉地转移到治疗师身上，从而有机会重新"体验"往日的情感。比如如果一个人小时候经常被母亲拒绝，他可能认为治疗师也会拒绝自己的请求。在心理治疗中，如果病人的潜意识通过移情展现出来，治疗师就可以通过对这种移情的分析理解病人的内心世界。

精神分析充满了主观和神秘的成分，但它为人的深层心理规律提供了一种能够自圆其说的理论解释，因此吸引了大批追随者。此外，这一理论也改变了公众对精神疾病的认知。人们开始用心理上的失调来解释精神疾病，而不再认为精神疾病源于"魔鬼"的入侵；同时，精神疾病的治疗方法也发生了变革，人们开始认为精神疾病患者是病人，需要特殊的护理与治疗，治疗方法也从残忍的脑部"开孔术"逐渐发展为临床催眠等。因此，尽管精神分析从来没有成为科学心理学的主流，但它的独特魅力一直吸引着无数人去一探究竟。

精神分析

原生家庭对人的影响

　　"原生家庭"指的是人们出生、长大的家庭。在独立生活之前，一个人往往要和父母或者其他监护人一起生活十几年。在这期间，他会耳濡目染家庭的传统习惯、父母的行为模式以及父母之间的互动氛围等。同时，他也会在和父母的交流中感到被爱或者受到伤害。强调原生家庭作用的研究者认为，这一切都会潜移默化地塑造孩子的性格，成为决定他行为的潜意识。比如如果一个人小时候非常害怕自己严厉的父亲，长大之后可能也会对男性领导无缘无故地心生畏惧。

弗洛伊德怎样解梦?

迈德: 我很好奇, 弗洛伊德是怎么解释梦的?

赛克: 弗洛伊德在《梦的解析》这本书里, 阐述了他关于梦的理论。他认为, 梦反映了一个人的潜意识。受过训练的治疗师, 会根据自己的专业知识以及对患者的了解, 赋予梦中出现的事物意义。

迈德: 但是, 我怎么能知道治疗师的解释对不对呢?

赛克: 问题就在这里。通常, 不同的治疗师对同一个梦境会给出不同的解释。这也是精神分析被人质疑的地方。

想一想?

我们此刻的心理感受, 是和自己过去的生活经历相关联的。比如"老乡见老乡, 两眼泪汪汪""一朝被蛇咬, 十年怕井绳"……请你举出类似的例子, 来说明人在某一刻的心理感受是跟以前的生活经历相关的。

为什么不同的文明
会有相似的神话故事？

弗洛伊德的理论吸引了大批追随者，其中最有名的一位就是瑞士心理学家荣格。不过，荣格并不完全赞同弗洛伊德的观点，他提出了"集体无意识""个性""原型"等概念，拓展了人们对心理的理解。

人们常把弗洛伊德比作哥白尼，把荣格比作哥伦布，以赞美弗洛伊德和荣格在探索人类心灵领域取得的巨大成就。荣格是弗洛伊德最具争议的弟子，他将神话、宗教、哲学与灵魂等问题引入了精神分析中，给 20 世纪的文学、历史、艺术等领域带来了深远影响。

和弗洛伊德一样，荣格也认为"无意识"在我们的生活中扮演着重要的角色。他认为，无意识不仅包括弗洛伊德提到的属于个人的"无意识"，还包括整个人类共享的"集体无意识"。

个体无意识就像一个和意识连接在一起的储藏室，里面储藏着曾经存在于意识里，但是后来被压抑、隐藏或忽略的经验。不过，这些无意识的经验不会老老实实地待在储藏室这个小黑屋里，它们会组合起来构成"情结"，潜移默化地反映到你的行为上，影响你的决策。由于每个人的成长环境不一样，内心深处的"情结"也会有所不同，这就使得每个人表现出不同的行为特征，即独特的个性。

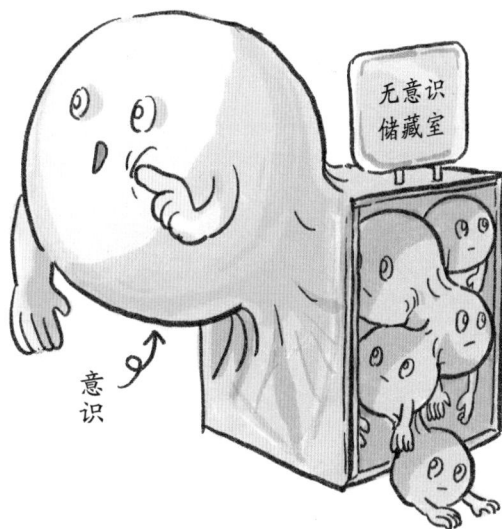

意识

无意识
储藏室

如果说个体无意识来源于个人经历的沉积，那么集体无意识则来源于全人类千百年历史的沉积，比个体无意识埋得更深。荣格认为，人类有很多无法被解释的行为或情感都源于集体无意识。比如很多文化习俗和神话传说中都涉及对被吞食的恐惧。古代斯堪尼亚人认为日食是天狼食日，非洲的祖鲁族流传着两个孩子和母亲一同被大象吞进肚子的故事，中国古代将月食解释为天狗吞食月亮……荣格在对病人进行心理分析的过程中，发现病人的梦和幻想中也会出现这样的情景，因此他认为对被吞食的恐惧是人类集体无意识的一部分。

集体无意识中包含许多人们共享的心理结构，荣格把它们叫作"原型"。荣格认为，最重要的原型有四种。

第一种原型叫"人格面具"。人格面具是人为了适应社会环境、满足他人的需要，本能地隐藏自己的真实品格而戴上的假面具。一个人在不同的阶段或者面对不同的人时，往往会有不同的行为表现。比如在学校里，你是听老师话的好学生；在朋友面前，你是愿意提供帮助的好朋友；而一回到家，你却可能会对着爸爸妈妈乱发脾气。按照荣格的理论，你在老师面前和爸爸妈妈面前戴着不同的"面具"。人格面具并不全靠塑造，它包含了强大的潜意识。比如父亲的人格面具与集体无意识中父亲的原型密切相关，也就是说，全人类戴上"父亲"面具时，都会很相似。这种人格面

具象征着权威、力量和尊严。荣格把人格面具称为"外部形象"，也就是展示给他人看的特征。

第二种原型叫"阿尼玛和阿尼姆斯"。这是一种从外表看不到的"内部形象"，代表我们内心深处对异性的要求。其中，阿尼玛原型是男性心中理想女性的特征，阿尼姆斯原型是女性心中理想男性的特征。

第三种原型叫"阴影"。阴影是人性中黑暗的一面，包括了人类在进化过程中继承的动物本能。阴影是人格中被压抑并潜伏着的部分，通常是负面的、破坏性的。比如看见好东西就想据为己有，嫉妒他人甚至攻击他人等。

虽然我们每天都会受到阴影的影响，但我们内心最深的渴望是拥有完整而独特的自我。这个和谐统一的"我"就是第四种原型——"自性"，而成为自己的过程被称为"自性化"。自性是人格的组织原则，能平衡和协调人身上的各种性格和品质，使其形成统一人格。

荣格的研究建立在弗洛伊德提出的精神分析法的基础上，并在一定程度上自成体系，超越了心理学的范畴，几乎包含了人类所有的精神文化现象。不过，荣格理论中的许多观点更倾向于对现象的解释说明，缺乏严密的逻辑体系和直接的科学依据，甚至有一些难以理解的地方。但这一理论依然以一种有趣而深邃的方式揭示了人类心理的奥秘，让我们更加深入地了解了个体心理的复杂性，以及个体心理是如何受到历史和文化的影响的。荣格的理论也影响了很多后来的心理学家和作家。

弗洛伊德与荣格

1900 年，弗洛伊德出版《梦的解析》一书，标志着精神分析理论基础的建立。这一年，荣格才 25 岁，刚从学校毕业。两年后，荣格赴巴黎研究心理学，并第一次接触到《梦的解析》这本书。

1903 年，荣格重读《梦的解析》，他惊喜地发现自己的研究与弗洛伊德的理论有很多契合之处。这让荣格感到十分激动。1904 年，荣格尝试将精神分析疗法用在自己的病人身上，取得了很好的效果。他对弗洛伊德更加欣赏了。

1906 年 3 月，荣格给弗洛伊德写了第一封信，并在信中推荐了自己的论文。长期被学术界排斥的弗洛伊德终于遇到了知音，他在回信中诚挚地感谢荣格，也表示很欣赏荣格的才华。在此之后，两人又多次通信交流。

1907 年，在弗洛伊德维也纳的家中，两人首次会面，一口气畅谈了整整 13 个小时。荣格在自传中回顾这段经历时，称弗洛伊德为自己"所遇见过的第一个确实重要的人"。

基于在精神分析领域共同的研究兴趣，弗洛伊德和荣格彼此欣赏、惺惺相惜，成了并肩战斗的战友。

　　但是，弗洛伊德和荣格的"蜜月期"并没有维持多久。渐渐地，两人对心理学的看法开始出现分歧。1909 年，荣格和弗洛伊德受邀到美国访问。在旅途中，他们花了很长时间互相分析彼此的梦。荣格在要求弗洛伊德透露更多个人生活信息以辅助分析时，遭到了弗洛伊德的拒绝。弗洛伊德的理由是，他不想冒影响自己专业权威的风险。这种将权威置于真理之上的态度令荣格非常不满，这也成为两人决裂的导火索。

　　1912 年，荣格的作品《力比多的变化与象征》出版，在这部作品中，荣格强调无意识的客观性、集体性，并把自己的研究对象从个别的病例转向了神话和文学。这与弗洛伊德精神分析的理论背道而驰。最终，荣格和弗洛伊德的私人关系完全破裂。

　　决裂后，两人原本有一次复合的机会。1929 年，荣格在《科隆日报》上发表了《弗洛伊德和荣格之比较》一文，第一次亲自将两人的矛盾拿到桌面上进行讨论。荣格说他"并非要否认性在生命中的重要性"，他要做的是"给性这个泛滥成灾、损害所有心理学讨论的术语划定界限，并把它放置到合适的地方"。

这或许是荣格缓和与弗洛伊德关系的一次尝试。他没有直接批评弗洛伊德的理论，而只是从比较的角度说明两人观点的差异。但遗憾的是，荣格的这次努力并没有得到弗洛伊德的任何回应。

从此以后，两人再无交集。

内向性格好还是外向性格好？

迈德：我听说，内向性格和外向性格的划分是荣格提出来的。

赛克：没错。1913 年，荣格在德国慕尼黑的一次心理学大会上提出了内向、外向的性格划分方法，后来他又在《心理类型学》一书中详细地说明了这种划分方法。他认为，这两种人的心理活动指向不同的方向——内向的人更关注自己的内心世界，即"主体"，而外向的人更关注外部环境，即"客体"。

迈德：那么，是内向性格好，还是外向性格好呢？

赛克：这两种性格并没有好坏之分，只是特点不同。内向性格的人往往安静、想象力丰富、爱思考、与他人交往时比较害羞；外向性格的人往往爱交际、好外出、坦率、随和、容易适应环境。

迈德：那我觉得，我是一个外向的人！

赛克：荣格认为，纯粹内向或纯粹外向的人是很少的，大多数人都是介于内向和外向之间的中间型。因此，比较准确的说法是"我的性格更偏外向一点儿"。

你认为每个人内心深处都隐藏着"阴影"吗？

你会怎样与自己的"阴影"相处？

一个人的心理是
怎么发展的？

当欧洲和美国的心理学家们为了各自的观点争论不休时，另一批志同道合的心理学家聚集在风景优美的瑞士日内瓦。他们就和这个保持中立的国家一样，不参与心理学界的争论，专注于研究儿童心理的发展过程，组成了一个独特的心理学流派——日内瓦学派。

一个人的心理是怎样一步一步发展成熟的？在这个问题上，遗传学家和行为主义心理学家一直以来都各自有不同的见解。遗传学家认为，心理发展是机体成熟自然而然的结果，受到遗传的支配；而以华生为代表的行为主义心理学家则认为，心理是在人与环境的互动中，通过不断学习逐渐发展的，跟遗传没有关系。

瑞士心理学家皮亚杰吸收并发展了两派学者的观点，认为心理发展是以下几个方面共同作用的结果。

一是生理的成熟。只有身体和大脑成熟到一定程度，人们才能学习相应的知识。我们在 5 岁的时候很难具有计算圆的周长的思维能力，这是因为认知并未发展到高级抽象思维阶段。因此，在这个阶段揠苗助长没有意义。

二是物理环境的影响。在幼年时期，我们获取知识的途径就是和周围物理环境互动。比如在触摸物体的过程中，我们能够了解物体的特性，比如了解一个物体是圆的还是方的、热的还是冷的、光滑的还是粗糙的。同时，我们也会逐渐理解物理世界的运转逻辑，比如怎么搭积木不会倒下、踢球的力气越大球飞得越远、烫嘴的食物放一会儿就会变凉等。

　　三是社会环境的影响。我们参与的学习活动、周边的文化环境、日常与父母、同伴以及其他社会成员的交流，都会加速或阻碍我们认知的发展。但是，皮亚杰认为，环境与教育只会促进或延缓儿童的发展，不会对儿童的心理发展起决定作用。

　　皮亚杰特别强调的是第四方面——"平衡化"的过程，也就是我们怎么把外界信息融合到自己的知识体系中。关于外界知识如何成为我们知识体系的一部

分，皮亚杰提出了"同化"和"顺应"的概念。如果将一个人现有的知识比喻成一个有 20 个同学的班级，班级里大家相处久了，会维持一种平衡状态。这时，如果新转来一个同学，就会打破原有的同学关系，大家需要努力适应增加一个同学的情况。过了一阵子，新来的同学完全融合到班级里，大家就会达到一个新的稳定状态。知识也是这样，新的知识需要被同化，原有的知识体系需要顺应新的知识，之后会达成一种新的平衡。

　　每个人的知识体系都是自己主动将外界知识融合进原有体系的结果。因此，即使生理条件、物理环境、社会环境都一样，但由于建构的过程不同，每个人的知识体系都是独一无二的。

转学生

大家好!

皮亚杰的"图式"

有句话说，如果你手里有一把锤子，世界上就到处都是钉子。因为有了锤子之后，你看待世界的方式就不一样了，锤子限定了你看待世界的方式。

这种思维的框架被皮亚杰称为"图式"。与现实世界中的锤子不一样，人的"图式"是不断发展变化的。比如当6岁的你第一次见到白色的天鹅，大概会认为世界上所有的天鹅都是白色的。你对于天鹅的图式中就会包括"天鹅都是白色的"这一点。但是，如果有一天你见到了一只黑色的天鹅，你就需要修改自己对天鹅的原有认识，你关于天鹅的图式也就发生了变化。

天鹅

都是白色的。

也有黑色的！

皮亚杰的另外一个重要贡献，就是提出了儿童认知发展的阶段理论。他将儿童认知的发展分为四个阶段，分别是感知—运动阶段、前运算阶段、具体运算阶段和形式运算阶段。

0~2岁时，儿童处于感知—运动阶段，主要靠感觉和动作来认识周围的世界，不管看到什么都想摸一下，都想"往嘴里送"。因此，在保持卫生的前提下，应该鼓励这一阶段的儿童多摸、多咬，这是他们认识世界的重要途径。

2~7岁时，儿童处于前运算阶段，已经掌握了"大小多少"这样的抽象概念，但判断还是受直觉思维支配。在这个阶段，儿童的思维是"一根筋"的，看待事物的方式比较单一。父母给他一块饼干，他可能会因为一块饼干太少而不开心，而当父母当着他的面把饼干掰成两块，他就会因为有两块饼干而变得很开心。

是两块饼干！

这一阶段的儿童能使用符号来玩象征性的游戏，比如把一根棍子当成一匹马。他们会从自我的角度出发来观察这个世界，比如捉迷藏时，3 岁左右的儿童可能会把脸贴在墙上，闭上眼睛，此时他看不到别人，便认为别人也无法看到他。

7~11 岁时，儿童处于具体运算阶段，能够进行一定程度的推理运算，可是需要借助身边的具体事物。尽管处于这一阶段的儿童在逻辑思维方面有了很大进步，但依然存在局限性——极度依赖具体的物质实体，从本质上理解抽象、假设还存在困难。皮亚杰发现，小学一二年级的小朋友大多是靠数手指来计算 3+3 等于多少的。因此，他们要想计算 5+7 等于多少，就得借用边上小朋友的手指或者自己的脚趾才行。

到了 11 岁，儿童开始进入形式运算阶段，能够使用符号来代表事物，并借助符号进行逻辑思考。他们在思维能力上已经与成人差异不大，所欠缺的仅仅是经验而已。比如对于 14+33 等于多少，他们能立刻算出答案是 47。在这个过程中，他们拿豆子或手指一颗颗、一根根地慢慢数了吗？当然没有，因为他们已经不需要借助具体的物体来计算，而是可以在抽象的符号层面进行这些运算了。

不过，这些结果都来源于皮亚杰在半个多世纪之前所做的研究。现在的儿童一般会更早地进入更高的发展阶段。

为了更好地研究儿童心理，尤其是儿童的道德发展，皮亚杰还使用了一种特殊的研究方法——对偶故事法，也就是通过相互对应的两个故事，让参加测试的孩子来判断主人公的两种相似行为哪种更符合道德标准。

有两个这样的对偶故事：

第一个故事的主人公叫约翰。当他独自待在房间里时，家人叫他去吃饭，他推开门走进餐厅。但是，这扇门背后有一把椅子，椅子上有一个放着 15 个杯子的托盘。约翰并不知道门后有这些东西，开门时，门撞倒了托盘，那 15 个杯子都被撞碎了。

第二个故事的主人公叫亨利。一天，趁着母亲不在，他想偷吃橱柜里的果酱。他爬到一把椅子上，并伸手去拿果酱。由于果酱放得太高，他的手臂够不着。在试图取果酱时，他碰倒了 1 个杯子，杯子被打碎了。

在听完故事后，皮亚杰会问每个参加测试的孩子两个问题：一是故事中的约翰和亨利是否会感到同样内疚？二是故事中的约翰和亨利哪个更"糟糕"？为什么？

结果皮亚杰发现，不到 5 岁的被测试者只能依据数量维度进行判断，他们认为 15 个杯子比 1 个杯子多，所以是约翰更"糟糕"；而 5 岁以上的被测试者开始考虑动机和目的，亨利是为了偷吃而打碎杯子的，而约翰是不小心打碎杯子的，所以是亨利更"糟糕"。

日内瓦学派非常强调主动性在儿童心理发展中的核心作用，认为儿童要主动去探索，才能把新的知识融合到原有的知识体系中，这促进了儿童教育方法的革新。不过，皮亚杰的理论也遭到了一些批评，比如他认为社会环境对儿童心理发展的影响不大，只是起到促进或延缓的作用，但很多教育工作者可不是这么认为的！

啪

怎样逗一岁左右的小婴儿？

迈德：赛克，你知不知道什么好办法，能让第一次见面的婴儿迅速喜欢上我？

赛克：其实有个非常简单的办法。如果你看到被妈妈抱着的婴儿，可以先让婴儿看见你，然后用双手把自己的脸捂起来，再突然松开手露出自己的脸，这样会很容易把婴儿逗笑。

迈德：为什么婴儿会对这个游戏感兴趣呢？

赛克：因为婴儿在用这种方式验证"客体恒常性"。新生儿对世界的认知非常简单，如果你把自己的脸遮住，他看不到你，就会觉得你从这个世界上消失了。但是等到一岁左右的时候，他的"客体恒常性"会得到发展，也就是说，他不会根据自己能不能看见你（客体），来判断你是否存在。就算你不在他面前，他也知道你还是存在于这个世界上，还会再次出现。因此，当你再次出现时，他感觉自己又猜对了，于是就开心地笑了。

想一想？

有一天，物理学家爱因斯坦问皮亚杰："孩子是怎样理解速度的？"为了回答爱因斯坦的这个问题，皮亚杰针对5岁左右的孩子做了一个实验。他在参与测试的孩子面前摆放了两条长短明显不同的轨道，上面各放一个玩具娃娃，再用金属棒推动玩具娃娃向前滑动，让它们同时到达轨道尽头。

皮亚杰问孩子："哪一条轨道长，哪一条轨道短？"

孩子指了指长的轨道说："那条长。"

皮亚杰又问孩子："两个玩具娃娃在轨道上的速度是一样快，还是一个比另一个快？为什么？"

孩子答："一样快，因为它们同时到达终点！"

于是，皮亚杰得出结论：5岁左右的孩子理解的速度，并不能代表距离与时间的关系。

如果让你给比你小的孩子设计一个实验，来看看他们是怎么理解重量的，你会怎么设计呢？

附录

9
冯特（威廉·冯特）
Wilhelm Wundt
1832—1920
科学心理学之父

68
斯金纳（伯尔赫斯·斯金纳）
Burrhus Skinner
1904—1990
操作行为主义代表人物

11
墨菲（加德纳·墨菲）
Gardner Murphy
1895—1979
心理学史学家

65
赫尔（克拉克·赫尔）
Clark Hull
1884—1952
逻辑行为主义代表人物

16
詹姆斯（威廉·詹姆斯）
William James
1842—1910
机能主义学派创始人

64
托尔曼（爱德华·托尔曼）
Edward Tolman
1886—1959
认知行为主义代表人物

21
铁钦纳（爱德华·铁钦纳）
Edward Titchener
1867—1927
构造主义学派创始人

50
华生（约翰·华生）
John Watson
1878—1958
行为主义学派创始人

32
杜威（约翰·杜威）
John Dewey
1859—1952
芝加哥大学机能主义
学派代表人物

48
赫布（唐纳德·赫布）
Donald Hebb
1904—1985
提出"赫布法则"

36
桑代克（爱德华·桑代克）
Edward Thorndike
1874—1949
机能主义和行为主义学派
代表人物

40
巴甫洛夫（伊万·巴甫洛夫）
Ivan Pavlov
1849—1936
发现"条件反射"现象

韦特海默（马克斯·韦特海默）
Max Wertheimer
1880—1943
格式塔心理学创始人之一
77

爱因斯坦（阿尔伯特·爱因斯坦）
Albert Einstein
1879—1955
物理学家
125

苛勒（沃尔夫冈·苛勒）
Wolfgang Kohler
1887—1967
格式塔心理学创始人之一
77

皮亚杰（让·皮亚杰）
Jean Piaget
1896—1980
日内瓦学派创始人
114

考夫卡（库尔特·考夫卡）
Kurt Koffka
1886—1941
格式塔心理学创始人之一
77

哥伦布（克里斯托弗·哥伦布）
Christopher Columbus
1451—1506
发现美洲大陆
101

阿基米德
Archimedes
前 287—前 212
古希腊数学家、物理学家
82

哥白尼（尼古拉·哥白尼）
Nicolaus Copernicus
1473—1543
提出"日心说"
101

蔡加尼克（布卢玛·蔡加尼克）
Bluma Zeigarnik
1900—1988
发现"蔡加尼克效应"
84

弗洛伊德（西格蒙德·弗洛伊德）
Sigmund Freud
1856—1939
精神分析学派创始人
88

荣格（卡尔·荣格）
Carl Jung
1875—1961
提出"集体无意识"
100

注：人名前数字为此人在书中第一次出现的页码。

图书在版编目（CIP）数据

像心理学家一样思考：我们的意识是没有用的吗 / 董光恒著；人形鲤鱼绘 . —北京：北京科学技术出版社，2023.10

ISBN 978-7-5714-3230-0

Ⅰ . ①像… Ⅱ . ①董… ②人… Ⅲ . ①心理学—少儿读物 Ⅳ . ① B84-49

中国国家版本馆 CIP 数据核字（2023）第 177948 号

策划编辑：郑宇芳　李安迪
责任编辑：郑宇芳
封面设计：雷　雷
图文制作：晓　璐
营销编辑：赵倩倩
责任印制：吕　越
出 版 人：曾庆宇
出版发行：北京科学技术出版社
社　　址：北京西直门南大街 16 号
邮政编码：100035
电　　话：0086-10-66135495（总编室）
　　　　　0086-10-66113227（发行部）
网　　址：www.bkydw.cn
印　　刷：天津联城印刷有限公司
开　　本：710 mm × 1000 mm　1/16
字　　数：100 千字
印　　张：8.25
版　　次：2023 年 10 月第 1 版
印　　次：2023 年 10 月第 1 次印刷
ISBN 978-7-5714-3230-0

定　　价：48.00 元